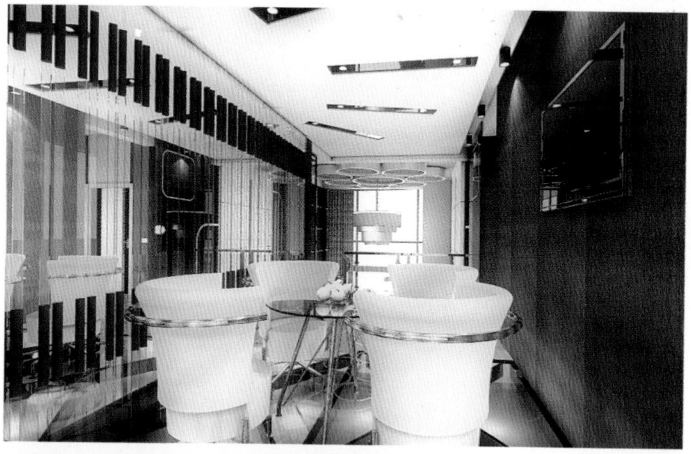

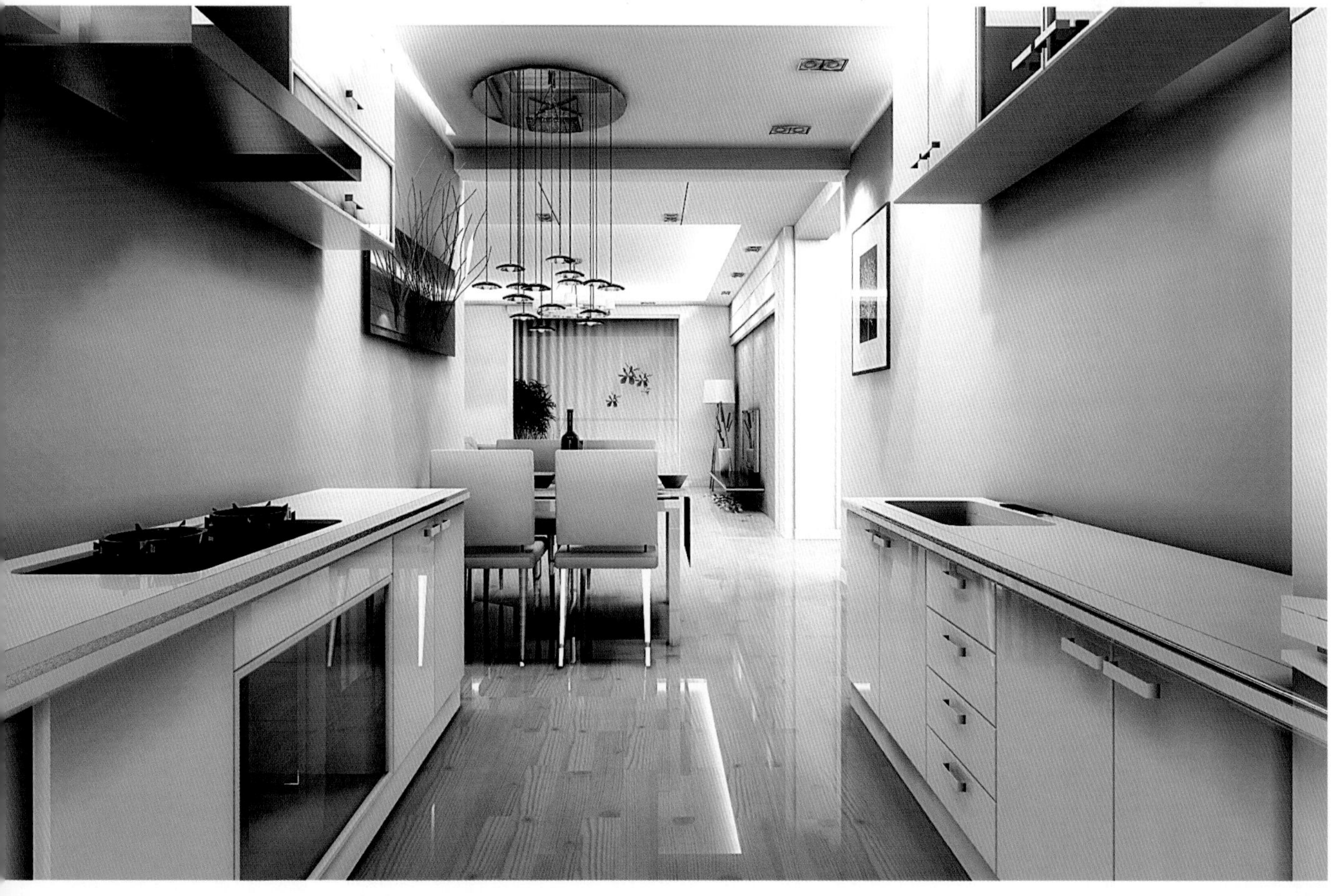

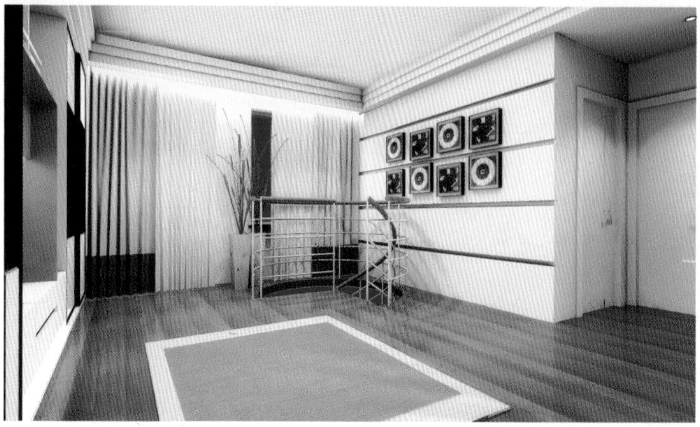

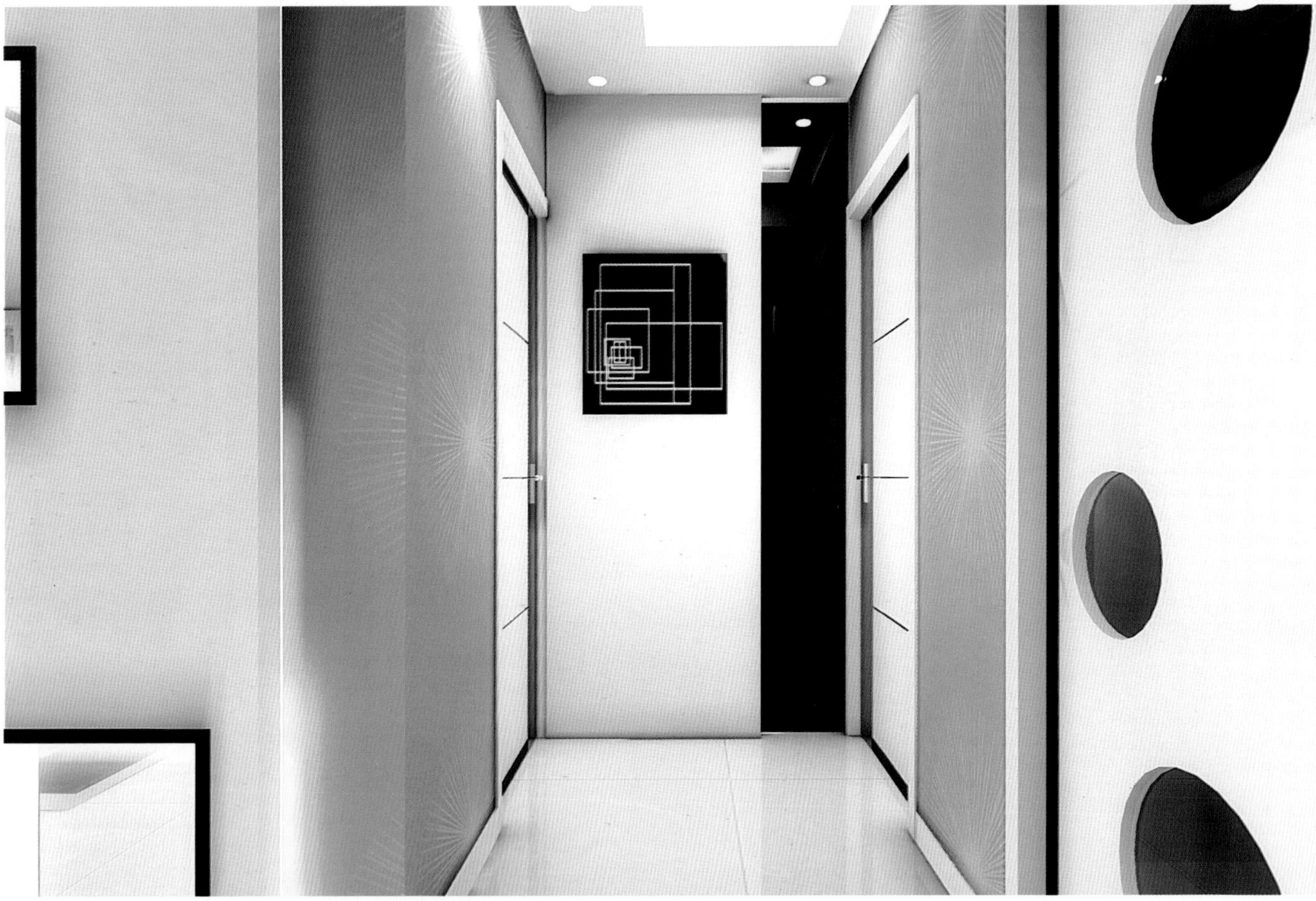

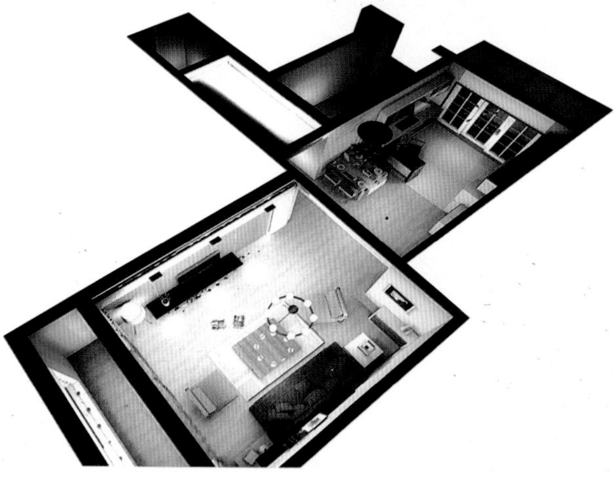

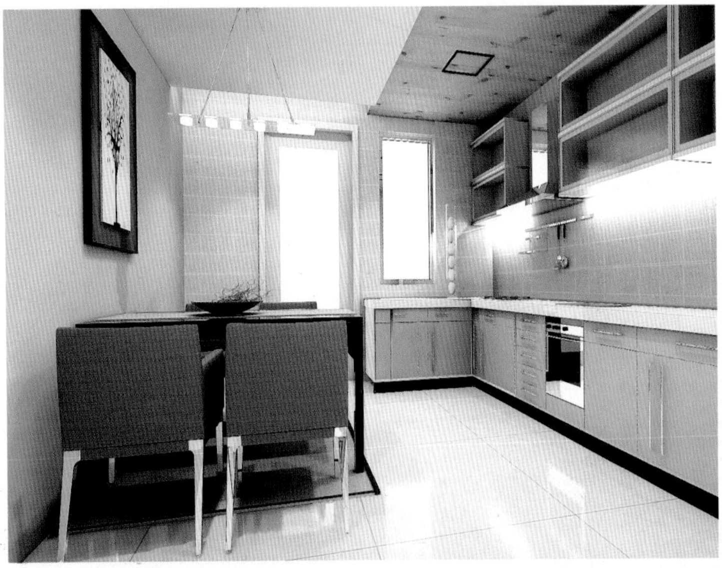